SUDOKU

100 PUZZLES WITH SOLUTIONS

EASY LEVEL **BOOK 1**

ISBN: 9781690946274
Copyright © 2019 Tim Bird.

All rights reserved. No part of this publication may be reproduced, distributed, or transmitted in any form or by any means, including photocopying, recording, or other electronic or mechanical methods, without the prior written permission of the publisher.

The contents of this book are believed to be correct at time of printing. Nevertheless the publisher cannot accept responsibility for errors and omissions, changes in the detail given or for any expense or loss thereby caused.

A standard Sudoku puzzle consists of a grid of 9 blocks. Each block contains 9 boxes arranged in 3 rows and 3 columns.

8	4	1	7	9	6		3	2
			2	5	4	8	1	
6	2	5	3	1		9	4	7
2		8		3	7	4	5	1
3		7	4	8		2	6	9
	5	6	9		1			8
5							2	3
1	6	3	8	4	2	7	9	5
9	7	2	5	6	3	1	8	4

Columns are vertical, Rows are horizontal, Blocks are the 3×3 regions, Box is a single cell.

The Basic Rules of Sudoku:

- There's only one solution to a Sudoku puzzle. A puzzle is considered solved when all 81 boxes contain numbers by following the Sudoku rules.
- When you start a game of Sudoku some blocks already have numbers (fewer number make a harder puzzle). These numbers cannot be changed.
- Each column must contain every number from 1 to 9 and no two numbers in the same column can be duplicated.
- Each row must contain every number from 1 to 9 and no two numbers in the same row can be duplicated.
- Each block must contain every number from 1 to 9 and no two numbers in the same block can be duplicated.

Here's the solved puzzle:

8	4	1	7	9	6	5	3	2
7	3	9	2	5	4	8	1	6
6	2	5	3	1	8	9	4	7
2	9	8	6	3	7	4	5	1
3	1	7	4	8	5	2	6	9
4	5	6	9	2	1	3	7	8
5	8	4	1	7	9	6	2	3
1	6	3	8	4	2	7	9	5
9	7	2	5	6	3	1	8	4

Puzzle 1

8	6	3	7	5	2	9	1	4
9	5	7	3		1	2	8	6
			6	8	9	7	5	3
			8	2	3	5	7	9
2	3	9	5	6	7	1	4	8
5		8	9	1	4	3	6	2
7			2	3			9	1
			1	9			3	7
3	9	1	4	7	6	8	2	5

Puzzle 2

9	3	5	7	4	2	8	1	6
8	1	4	5	6	3	2	7	9
2	6	7	8	9	1	3	5	4
3		8		7	4	1	6	5
		1	3	8		9	4	2
				1		7	3	8
1	8	3	6	5	9	4	2	7
			1	2		5		3
			4	3		6		1

Puzzle 3

5	7	4	3	2	6	1	9	8
9			8	4	7	3	6	5
6	3	8	9	5	1	2	7	
			6	9	8	5	1	7
8	9	5	7	1	2	4	3	6
1	6	7	5	3	4	8	2	9
2	8	9	1	6	5	7	4	3
				2				1
				4				2

Puzzle 4

8	2	1	5	4	7		3	9
		9		2	6		7	
	7	6	8	9	3			
2	5	7	3	1		9	4	6
1	4	8		7	9	3	5	2
		3	2		4	7	8	
	8		4	6	5	1	9	3
6		5	7		1	4	2	8
3		4	9	8	2	5	6	7

Puzzle 5

		2	3	6			5	9
3		9		7	5	6	2	8
	6	5		2			3	1
6	8	3		5		9		2
2	7	4	6	8	9	3	1	5
5		1	7	3	2	8		4
4		6	5	9	7	1	8	3
1		7	8	4	3	2		
9	3	8	2	1	6		4	

Puzzle 6

	6	4	2	8		7	9	1
		1	4	9			5	6
		9		1			3	
2	3	7	5	4		6	1	8
8	1	6	7	3	2	5		9
4	9	5	1	6	8	3	2	7
	5	8	9	2	4	1	7	3
1	4	2	3	7	6	9	8	5
9	7	3	8	5	1		6	

Puzzle 7

2		3			5	4	9	6
6	9	4	1	3	2	7	8	
	7	5	9	4		3	2	1
1	2	7		9		5	6	3
4	8		5	7	3	9	1	2
5	3	9	2	6	1	8	4	7
	4	2			9	6	5	
9	5	8	6	2		1		
	6	1		5		2	7	9

Puzzle 8

2	8	6	4	3	5	9	1	7
1					7			
7					1			
	1	5	3	7	4		9	
	3	2	1	5	9	7		4
9	7	4			8	3	5	1
3	9	8	7	4	6	1	2	5
4	6	7	5	1	2	8	3	9
5	2	1	8	9	3	4	7	6

Puzzle 9

			9	3	4		8	1
			8	7				4
4	8	1	2	6	5	9	3	7
		4	1	5	8	6	7	9
			6	4	2	8		3
6	1	8	7	9	3	4	5	2
			5	2	7	1	4	8
8	4	2	3	1	6	7	9	5
1			4	8	9	3	2	6

Puzzle 10

				4		2	7	
		5	1	8		6		
		4		3		1	8	
1	5	9	2	7	8	4	3	6
		6	4	9	1	7	5	2
7	4	2	5	6	3	9	1	8
4	2	7	3	5	9	8	6	1
9	6	3	8	1	4	5	2	7
5	1	8		2		3		4

Puzzle 11

	1		7	3	9	5	8	4
8	5	3	4	6	1	2		
7	4	9	8	2	5	6	3	1
3	2	5	6	9	4		1	
1	9	7	2	5	8	3	4	6
4	6	8	3	1	7	9	2	5
9	8			7		4	5	3
	7	4	5	8	3	1		
5	3	1		4				

Puzzle 12

6	4	7			3			
	8		4	6	9			3
9				7	8	4		5
1	5	9	3	4	6	8	2	
8	7	4	5	2	1	9	3	6
3	2	6	8	9	7	5	1	4
4	1		7	3	2	6		
7	9	8	6	1	5	3	4	2
2	6	3	9	8	4	7	5	1

Puzzle 13

2	7	8	6	1	5	3	4	9
6	3	4	2	7	9	8	5	1
5	1	9	4	3	8	7	6	2
9	2	7	1	4	6	5	3	8
4	8	1	5	9	3	2	7	6
3	5	6	8	2	7	1	9	4
7	9	2	3	8	4	6	1	5

Puzzle 14

9	2	6	5	4	7	3	8	1
5	1		2		8		9	
8			1		9	5	2	
1	5	8	3	2	4			9
6	9	2	7	1	5	4	3	8
7			9	8	6	1	5	2
4		5	6	9	2		1	3
3	6	9	8	7		2	4	5
2	8	1	4	5	3	9		

Puzzle 15

6	3			7	4	9	8	
9		2	3	8	1	6	5	4
8	4			9	6	3		7
	2		1	4	8	7	6	
7	8	6	9	3	5	4		
4		9	6		7	8		5
3	9	8	7	5	2	1	4	6
2	6	4	8	1	9	5	7	3
1	5	7	4	6	3	2		

Puzzle 16

4	9	8			2	3	6	1
3	7	5		6	4	2		8
2	1	6		8		4	5	
	3	1	4	2		8	7	9
8		2				1	3	4
7	4	9	8	3	1	5	2	6
9	8	3		1		6	4	2
1	2	7		4		9	8	5
		4	2	9	8	7	1	3

Puzzle 17

	4	5	2				7	9
			7	8	4	3	2	5
8	2	7	3	9	5	1	6	4
7	1	4	6	5	3	2	9	8
2	3	8		4	7	6	5	1
5			8			7	4	3
4	7	3	1			5	8	
	8		5	3		4	1	7
	5		4	7	8	9	3	

Puzzle 18

		3		1		8		4
	8	6	5	4		2	1	
1		4	8			9		7
8	3	9	7	5	4	1	2	6
5	1					4	8	9
4	6	2	9	8	1	7	3	5
	4	8	1	9	5	6	7	
6	7	5	4	2	8	3	9	1
		1	3	7	6	5	4	8

Puzzle 19

9			5				1	8
5				6			7	3
7							6	5
6	8	9	2	5	1	7	3	4
1	2	7	4	3	6	5	8	9
4	5	3	7	9	8	1	2	6
3	6	5				8	4	7
8	9	1	3	4	7	6	5	2
2	7	4	6	8	5	3		

Puzzle 20

8		7		3	2	4	5	6
	2	5	4	8		3	1	9
4	9	3		5		8	2	
1	8	2	7	9	5	6	3	
7	3	6		1	4	5	9	
5	4		6	2	3			
2	5	4	3	6	1	9		8
9		1	5	7		2	4	
3	7				9	1	6	5

Puzzle 21

2	4	9	3	1	5			7
1	6	8		7		2	3	5
3	5	7	2	8	6	9	4	1
	9	3	1		7	5	2	8
	7	1	8		2	4		
	8	2		5		1	7	
7	3	4	5		1			2
8	2	5				7	1	
9	1	6	7	2	8	3	5	4

Puzzle 22

1	7	5	6	9	3	4	2	8
4		3			5	6	7	9
9		6	7		4			5
6	4	7			9			2
	3	8			7	9	6	4
	1	9		4	6			7
3	6	4	5	7	8		9	1
7	9	2	4	6	1	8	5	3
8	5	1	9	3	2	7	4	6

Puzzle 23

	4		7	8	9	5	1	2
2		1	3	5	6	9	4	7
9			4		1		6	3
4	3	8		6			9	1
7	1	2	9	4	3	6	8	
5		9	1	7		2	3	
8	9	7	5		4		2	6
	2	4	6	9	7		5	8
	5		8		2	4	7	9

Puzzle 24

2	7	5		8	4		1	
9			3	6	2	5		8
3	6	8	5	1	7	4	2	9
7	2	3	4	9	8	1	6	5
		1		7		2	9	4
	9	6	2	5	1	8	3	7
		7	8		9	6	5	
6	8				5	7	4	
5		2	7		6	9	8	1

Puzzle 25

9	5	6		2	3	4	1	7
8	3	7	1	9	4	2	5	6
4	2	1		7		8	3	9
1		3		4				
5	9	2		8	1	3		4
6		4		3	9	1		
3	6	8	9	1	7	5	4	2
7	1	9	4	5	2	6	8	3
2	4	5	3	6	8			1

Puzzle 26

7	2		8		6	3	1	
9			7	4		8	5	2
8	1		3		2	6	7	
2	3	1	5	6		4	9	7
	8	9	1	7		2		5
5	4	7	9		3	1	6	8
1		6	2	8	9	7	4	3
4	7		6	3	5	9		1
3	9		4	1	7	5		6

Puzzle 27

	2	8	4			9		
	7	6	8	9	2	3		4
	9	4	5			2		8
8	5	1		3	9	7	4	
7	4	9		1	5	8	3	
2	6	3	7	8	4	1	9	5
6	1	2	3	4	7	5	8	9
9	8	7	1	5	6	4	2	3
4	3	5	9	2	8	6		

Puzzle 28

3		4			2	7	6	9
2	5			4	9	3	8	
7	8	9			6	2	5	4
	7	3	1	9	5	4	2	8
	2	8	4		7	1	3	5
1		5	2		3	6	9	7
8		7	6	3	4	5	1	
					1	8	4	6
4	6	1	5	2	8	9	7	3

Puzzle 29

5	3		4		7	1	2	8
4	7	2	8	3	1			
1	8		2		5	4	7	3
6		1	7	8	3		4	2
	2	4	6		9		3	
3		8	1	2	4			7
8	6	5			2		1	9
9	1	3	5	7	6	2	8	4
2	4	7	9	1	8	3	6	5

Puzzle 30

2	5			9	1			
3	1			8	6		4	
8	7				2	3	9	1
5	8	7			3	6	2	9
9			6		8	4	3	5
4	6	3	5	2		1	8	7
1	9	5	8	3	4	2	7	6
7	4	2	9	6	5	8	1	
6	3	8	2	1	7	9		

Puzzle 31

6	5	4	8	2		7	3	1
1	3		5	4	6	8	9	2
8	2	9	3	1	7	6		
		8	2	3	4	1	6	7
2	1	3			8	9		
7	4	6	1	9	5	2		3
	7	1	4	8	3	5	2	6
	8				2	4		9
4		2	9	5	1	3	7	8

Puzzle 32

9	6	3	8	4	5	7	1	2
8	7			6		3	5	4
5		4	7	3		8	6	9
1	5	7	4	9	3	6	2	8
2	4	8	5	1	6	9	3	7
3	9	6	2			5	4	1
7	8		6		4	1	9	3
4	3		1			2	7	6
6			3				8	5

Puzzle 33

9	7	4	8	6	1		5	2
8	5	1	3		2	7	6	9
6	2	3		7		8		4
1	4	8	2	5	7		9	3
2	9	7	6	1	3	5	4	8
3	6				8	2	7	1
7	8		1	2				
5	1	2	7	3	4	9	8	
	3					1	2	7

Puzzle 34

7	5		3		2		8	4
			8	7	4		9	5
	9	4	6	5		3	2	7
1	7	8	4	2	5	9	3	
	4	2	7		3	8	5	1
5	6	3	1			7	4	2
4	1	7	5	3	8	2	6	9
	8	9		4		5	1	3
		5	9	1	6	4	7	8

Puzzle 35

7	8	5	4	6	3		9	2
3			9	1	8	6	7	5
1	6	9	5	7	2			3
5	9	3	2	8	1	7		
4	7	6	3	9		2	1	
2	1	8	7	4	6	3	5	9
9	3	2	1	5	7			
6	5	7	8	2	4			1
8	4		6			5	2	7

Puzzle 36

4	5	6		3		9	1	7
3			7	1	4	6	2	5
2	7	1	6	5	9	4	3	8
6		8		9		7	5	1
9				7		3	8	6
7							4	9
1	9	2	5	4	6	8	7	3
5			9	8	7	1	6	2
8	6		3	2	1	5	9	

Puzzle 37

6	8	1		7		2	3	4
5		2	6			7	1	9
9	3	7	4	1	2		5	6
7	6	5	3	2		4	8	1
4	9	3		8	1	6	7	2
2	1	8	7		4		9	5
3	5	9	8	4		1	2	7
1		6			3		4	8
8	2	4	1		7			

Puzzle 38

2	6	7	5	9	3	1	4	8
5	3	9		8		6	7	2
4	1	8	6	7		5	9	3
7	4	6	9	5		3	2	
8	2	5	1	3	7	9	6	4
	9	3	2	4		7	8	
3		4		6	5	2	1	9
9		2		1	4			6
6		1		2		4		7

Puzzle 39

5	7	9	1	6	3		8	2
3		4			8	7	1	
1	8	2	5		7	3	6	9
2	4	6	7	3	1	9	5	
9	3	1	8	5	6	2	7	4
	5	7	4		9		3	1
6		8	9	7	2	5	4	
4		3	6	8	5	1		7
7		5	3					6

Puzzle 40

5	1		4			2		
6	8	3	2	5	7	4	1	9
2	4		8				5	
8	2	4	9			7	6	5
7	3	1	5		8	9	4	2
9	6	5	7	2	4			1
1	7	6	3	8	2	5	9	4
3	9	2	1	4	5			
4	5	8	6	7	9	1	2	3

Puzzle 41

4	5	3	8		7	2	6	
6	7	9	3	2	5	4	1	8
8	1		4	6	9	5	7	3
7			1	3				5
			5	4	8	6	2	7
5	2	4	7	9	6	8	3	1
2	6	5	9	7	3	1	8	4
		8	6	5		7	9	2
		7	2	8		3	5	6

Puzzle 42

6	2	7	4	5	8	1	3	9
5	4	3	1	9	7	2	8	6
1	9			3		5		4
4	3		8	7	1	9		2
8	5	2		4	9	6	1	7
9	7					3		8
		9	5		4	7		3
3	1	4	7			8	9	
	6	5		8	3	4	2	1

Puzzle 43

4	8			7	5	1	3	
		5	1			2	7	8
7		1		3	8		4	
9	5	7	8	1	3	6	2	4
2	1	8				3	5	7
			5	2	7	8	9	1
8			4	5	6	7	1	3
1	4	3	7	8	2	9	6	5
5	7	6	3	9	1	4	8	2

Puzzle 44

2	4	6	1		9	5	8	3
1	9		5	2	8	4	7	6
5		8	4		3	2	9	1
4				3		7		9
6	5	9	2	1	7	3	4	8
3	8	7	9	4	6	1	5	2
9	3	5		8	2	6	1	4
	2	4	6	9		8		5
8	6	1	3					7

Puzzle 45

4	1	3					5	6
5	7	6			1		9	3
9	8	2	5	3	6		1	
	3	9		1	5	6	2	
	5	4	2	6		1	3	9
2	6	1			3		8	5
1	9	8	6	5	4	3	7	2
6	2	7	3	8	9	5	4	1
3	4	5	1	7	2	9	6	8

Puzzle 46

1	5	9		7	4	8		
7	8	4	6	1	2	9	5	3
2		6	8	5	9	1	7	
5	2	8	4	6			1	9
	4	1	5		8	7		
3	6	7		2	1	4	8	
4	9	2	7	8		6	3	1
6	7	5	1		3	2		8
8	1	3	2		6	5		

Puzzle 47

7	3	8	5	4	1	9	2	6
	5		7	8	6	4	1	
4	6	1	2	3	9	8	5	
8		3	4	7	5	1		
1	9	4	8	6				5
5	7	6	1	9			8	4
	4	7	3	1	8	5	9	2
	8		6	5		7	3	1
3	1	5		2	7			

Puzzle 48

4	9		7	5	1	2	6	8
1	6	2	3	9			7	5
5	8	7	4	2	6		9	3
8	3		9	1	2	7	5	
2			6	7	3		8	
9	7		8	4	5	3	1	2
3		9	2	8	7	6	4	1
	4	8	1	3	9	5	2	7
7						8		

Puzzle 49

5	4	1	6	3	7	9	2	8
3	7	2	8	9	1		4	
6	8	9	5	4	2	7	3	1
1	9	5	4	2	8			
2	3	7	9	6	5	1	8	4
8	6	4	7	1	3	2	5	9
4	1		2		6			
	5		1		4			2
7	2		3		9	4	1	

Puzzle 50

7	6	2	8	9	1	5	4	3
9	1	3	5	4	6	8	7	2
5	4	8	2	3	7	6	1	9
2	9		7		8	3	6	1
8	7		9	1	3	2	5	
3	5	1	4	6	2	7	9	8
1			6		9	4		
4	8	9	3	7				6
6			1		4	9		

Puzzle 51

3	1	9	2	7	4	6	5	
4	2	5	9	6	8	3	1	7
6	7	8	1	5	3	9	2	4
5	4	7	8			2	3	6
2			5		7	1	8	9
9	8	1	6	3		4	7	5
1	9	4	3	8		7		2
8			7			5	4	
7	5		4			8	9	

Puzzle 52

		4		5	2	6	7	8
	2	5	8	1	7	3	9	
3	7	8	9		4	5		2
7	8			9	5	4	2	1
5				8	3	7		9
4		9			1			
2			5	7	6	9	8	3
8	5	6	1	3	9	2	4	7
9	3	7	2	4	8	1	5	6

Puzzle 53

7	9		6	5	2		3	4
3		4	8		1	6	9	2
2	6		4	3	9		7	5
	8		9	4			2	6
9	4		2	6				7
6	2	7		1		4	8	9
5	7	9	1			2		
4		2	3	9	6	7	5	8
8	3	6	7	2	5	9	4	1

Puzzle 54

	1		4		3	5		
6	4	5	9		2	8	7	3
8	3		5		7	1	2	4
3		8	2	5	1			
4	9	6	3	7	8		1	5
2	5		6	9	4	7	3	
9	6	7		4	5	3	8	2
1		4	8	3	9	6	5	7
5	8	3	7	2	6			1

Puzzle 55

5	2			4		7		8
4		1	8	5		2		6
8						5		4
6	9	3	2	7	5	4	8	1
1	4	7	9	8	3	6	5	2
2	5	8	4			9	7	3
7	6	4	5	3	8	1	2	9
3	1	2	7	9	4	8	6	5
9	8							7

Puzzle 56

7	4	5				6	9	1
2	9	6	7	1	5	4	3	8
8	3	1	6		9	2	5	7
1		2	9		7	8	4	
	6		3	5	8	1	7	2
3	8		4		1	9	6	5
5	2	3	1	9		7	8	4
6	1	8	5	7	4	3	2	9
	7					5	1	6

Puzzle 57

	2	5	9	4	8	1	6	3
8	3	4	1	6	5	9	2	
	6		3	2	7			8
9	4	7	5	1	3		8	6
	8	1		7	2	5	9	4
6		2	4	8	9	3		1
	9	6	8		4	7	1	5
	7	8	2	5	1		3	9
5		3	7	9	6	8		

Puzzle 58

2			3	8		6		5
8			6	7	2	9		
6			4	5		2	8	7
1	2	8	9	3		4	7	6
4			2	6	8	1	5	9
5	6	9	1		7	3	2	8
3	8	6	5	1	4		9	2
7	4	2	8	9	3	5		1
9			7	2	6	8		

Puzzle 59

	7	6	1			5	4	3
1	9	5	4	3		7	2	
	4			7	5		9	
5	3	2	9		7		6	
	1	8	2	6	5	3	7	9
7	6	9	3		1		5	2
9	8	1	6		4	2		5
6	2		5	1	3	9	8	4
3	5	4	8	2	9	6	1	7

Puzzle 60

					4		5	6
5	4			2	3		1	9
					5		3	4
4	6	5	7	8	1	9	2	3
8	3	9	2	5	6	4	7	1
7	2	1	3	4	9	5	6	8
	7		4	1	8	6	9	5
6	5	8	9	3	2	1	4	7
9	1	4	5	6	7	3	8	2

Puzzle 61

8	5	4	6	3		1	7	2
2	3					6	8	9
	7	6	1	2	8		4	5
6	2	3			1	4	9	7
	1	9		6	2	8	5	3
	8	5	3	9		2	1	6
3	6	8		7			2	1
5	4	2	9			7	6	8
1	9	7	2	8	6	5	3	4

Puzzle 62

	8	7	3	9	4			
	3	9	6	8	5			7
5	4	6	2	7	1	9		
9	2	8	4	5	6	3	7	1
3	1	5	8	2	7		9	
6	7	4	9	1	3	8	5	2
4	9	1	7	6	8			
7	6	2	5	3	9			
8	5	3	1	4	2	7	6	9

Puzzle 63

6	9	4	7	8	5	2	1	3
5	1	7	2	3	6			8
3	2	8				5	6	7
		5			7		3	2
7	3	1		2			8	5
		2		5	3		7	
4	7	9	5	6	8	3	2	1
2	8	3	9	4	1	7	5	6
1	5	6	3	7	2	8		

Puzzle 64

	9		7		2	4	8	3
4	7	8		9		2	5	6
3	6	2	5	8	4	9	1	7
2	5	4	8	7	9	6	3	
7	1	3	2	5	6	8	4	9
9	8	6			1	7	2	5
	3			2			9	
	2					3	7	
8	4	1	9	3	7	5	6	2

Puzzle 65

1	3	4	8	7	9	2	6	
5		6	3			8		9
		7	5	6	2	4	1	3
6	4	5	1	9	8	7	3	
2		8	7	5	3	9		6
		9	4	2		5	8	1
9		3			4	6	5	7
4	5	2	6	3		1	9	8
7	6	1	9	8	5	3	2	4

Puzzle 66

5	2		7	1	8	6	4	9
	1	8	9	3		7	5	2
7	4		2	5	6	1	8	3
9			1	4	2	3		5
	5		6	9	7	4		8
1	6		3	8				
8	9	5		7		2	3	6
4	7	6	5	2	3	8	9	1
2	3	1	8	6	9	5	7	4

Puzzle 67

8	2	3	7	1	6	9	5	4
1	9	5		8		6	7	2
7	4	6			9	8	3	1
2	7	9				3	1	
6	1	8				4	9	
5	3	4	1	9		2	6	
4	6	7	8	3	5	1	2	9
9	5	1				7	8	3
3	8	2	9	7	1	5	4	6

Puzzle 68

				9	1	2	4	3
4		1		2	3	9	7	8
3		2	8	4	7	1	6	5
				3	9	5	2	1
		3	2	6	5	8	9	4
5	2	9	4	1	8	7	3	6
			3	7	2	4	8	9
2	3	8		5	4	6	1	7
9			1	8	6	3	5	2

Puzzle 69

1	2	8	4	6	5	9	3	7
9	6		3	8	7			
7	3	5	2	9	1	6	8	4
6	1	3	5	4	9	2	7	8
	8	2	1	7				9
	9	7	8	2				
		9	7	1	8	4		
8	4	1	6	5	2	7	9	3
2	7	6	9	3	4	8		

Puzzle 70

8	7		1	6	2	5		3
2	3	5	9		7	6	1	8
6	1	4	3	5	8	7	9	2
3	5	8	7	9		1	2	4
9	4	2	5		1	3	7	6
1	6	7	4	2	3	9	8	5
4	8	3		7	9	2	5	1
5	9				4	8	6	
7				1				

Puzzle 71

7	8	9		1	6	4	5	2
2	4	1	9	8	5	7		
5	3		2			1	8	
3	1	5	6	2	9	8	7	4
8	9	2	1			5		
6		4		5	3	9	2	1
	5	3	7		2	6	4	8
			5	6	1	3	9	7
9	6	7	4	3	8	2	1	5

Puzzle 72

1	2	4	5	7	8	6	9	3
7	5	9	6	3	4	2		
	6	8	9	1	2	5	4	7
2	1	6	4	5	7	8	3	9
5	8	3	1	2	9	7	6	4
9	4	7				1	5	2
4	9				1	3	7	
8	7			4		9		
6	3		7	9	5	4		

Puzzle 73

6	3	4	2		8	1		
1	7	8	5	6	3	4	2	9
9	2	5	4		7	8		6
5		6	1	2	4	9	7	3
7		2	3	8	6	5	4	1
	1	3	7	5	9	6	8	2
3		7			1	2	9	5
2	4	9	6					
8	5			3	2	7	6	4

Puzzle 74

9	4	1	7	6	8	2	3	5
6	3	2		4		8	7	9
8	7	5	3	9	2	4	6	1
3	2	9	6	8	7	1	5	4
1	8	4	9	5	3	6	2	7
			2	1	4	3	9	8
2	1		8	7			4	
4	9			3		7		2
			4	2				

Puzzle 75

5	3	4	1	6	7	9	2	8
9	2	6	8	4	3	5	7	1
7	1	8	5	9	2	6	3	4
6	4	9	3	2	1	7	8	5
1	5	2	7	8	4	3	6	9
	8	7	9	5	6	1	4	2
4			6	7	8	2	1	3
		1		3				
		3		1				

Puzzle 76

6	1	5	2	4	3		8	7
4	8	7	6	5	9	3		2
3	2	9	8		7	6	5	4
2	3	1	5	9	8	4	7	
5	4	6	3	7	2	1	9	8
7	9	8	1	6	4	5	2	3
		3		8		2		
8	6	4	9	2	1		3	5
		2		3		8		

Puzzle 77

	1	8	4	7	3	6	9	5
7	4	5	6	2	9			1
6	3	9	1	5	8	7	4	2
1	5	2	8	9	7	4	6	3
3	7	4	5	1	6	9	2	8
8	9	6	2	3	4	1	5	7
4	6	1		8				9
				4				6
				6				4

Puzzle 78

		4		1		2	9	8
9			2	8	4	7	5	3
5	8	2	9	7	3	4	1	6
	4	9	3	5	8	6		1
		8	4	6	9		2	5
6	5	3	1	2	7	8	4	9
4	2	5	8		1	9	6	7
8	9	7		4		1	3	2
			7	9	2	5	8	4

Puzzle 79

2	7	9			4	3	8	5
4	8	3	5		7	6		
5	6	1	8		3			
6		7		8	2	5		
9		8		5	6	2		7
	2	5	7	4	9	8	6	3
7	5	2	9	6	1	4	3	8
8	1	6	4	3	5	9		2
3	9	4	2	7	8	1	5	6

Puzzle 80

6	8		1	5			9	2
9			8	4		6		5
			6				8	1
8			7	3	9	1	6	4
			5	8	6	2	7	9
7	6	9	2	1	4		5	3
1	7	6	9	2	5	3	4	8
	9		3	6	8	5	1	7
5	3	8	4	7	1	9	2	6

Puzzle 81

2	7	4		9	6	1		
8	1	5	2			6	9	
	6	9	7	1		2	8	
9		2	5		4	7	1	
7			1		2	4	5	
4		1		8	7	3	2	6
	9	7	6	2	1	8	4	
6	2	3	4	5	8	9	7	1
1	4	8	3	7	9	5	6	2

Puzzle 82

3	2	9	8	7	4			6
8	5	7	1	2	6	9	4	3
1	6	4	3	5	9	7		
6			2	1	5	4	9	7
9	7	1	6	4		2	3	5
2	4	5	7	9	3			
5			4		2	8	7	9
4			9		7			
7	9	2	5	8	1	3	6	4

Puzzle 83

6	5	7	8	1	2	4	9	3
1	3	8				2	7	5
9	4	2	3	7	5	8	1	6
2	8	9						1
7	6	3			1	5	2	8
5	1	4		8			6	9
4	2		1	3	8	9		
8	9	5				1	3	2
3	7	1	5	2	9	6	8	4

Puzzle 84

3	7	1	8	6	2	9	5	4
9	2	4	5	7	1	8	3	6
5	8	6	9	3	4		7	1
6	4	3	1	2	8		9	
8	5		3		6	4	1	2
1	9	2	4		7	6	8	3
4	3		6	1			2	
				8	3	1	4	
		1		4		3	6	

Puzzle 85

9	5	4	7		8			
2	8	3			5	7		
7	1	6		2	3	8		
6	4	1	8	3	7	9		
3	9	8	2	5	4	1	7	6
5	7	2	6	9	1	4	3	8
1		7	5	8	9			
8	2	9	3	4	6	5	1	7
4		5	1	7	2		8	9

Puzzle 86

5	4			6	1	3		
8	7	6	3	9		4	1	5
1			7	4			6	
6	5	1		7		2	3	8
	8	4	2		6	5	9	7
7			5	3	8	6	4	1
9			6	5		7	2	4
4	3	5	1	2	7	9	8	6
		7	4	8	9	1	5	3

Puzzle 87

9	6	4	7			8	5	1
2	3		8	6		4	7	9
1	8	7	5	4			6	2
6	4		1	2	5	7	9	8
8	5	9	4	7	6	2	1	3
7			3	9	8	6	4	5
4	7	8	9	1	3	5	2	6
3	9			5		1		
5							3	

Puzzle 88

8			9	1	6		3	4
1	3	6		5			2	
4	9		2	8		1	6	5
3	7	4	1	2	5	9	8	6
2	5		6	9	8		7	3
6	8	9	4	3	7	5		2
7	1	3	5	4	2	6	9	8
5	6	2	8	7		3	4	1
9		8	3	6		2		

Puzzle 89

1	9		6			7	8	4
8	3	4	5	9	7		1	
7	6	2	8	4		3	9	5
3	4	7	1	5	9		6	
6	2	1	3	7		5	4	9
9	5	8	4	6	2		7	3
5		9	2		6	4	3	
2		3	9		4		5	
4	8	6	7	3	5	9	2	1

Puzzle 90

		5		2	4		1	9
9	8	7	6	5		2	3	4
2	4	1		3	9		6	5
	2	4	5	6	3	9		1
	1	3	9	7	8		4	2
			4	1		5		3
1	5	6	2	4	7	3	9	8
4	9	2	3		6	1	5	7
			1	9	5	4		6

Puzzle 91

1	4	9		2	7	3	5	8
3	6	2	1	8	5	7	9	4
8	7		3			2	6	1
4	9	8	7	5	3		1	2
	3	7	8	1		5	4	9
	5	1				8	3	7
9	8	6	2	3	1	4	7	5
5	2			7			8	6
7		4		6	8	9	2	3

Puzzle 92

2		8	3	4	7	5		
	5	9	2	6		8	4	7
7	1	4		9	8	6	2	3
1	9	2	6	7	5	4		
			8		9	1		5
	8		4	1	3	9		2
9			1	5	4	2	8	6
8	2	1	9	3	6	7	5	4
6	4	5	7	8	2	3		

Puzzle 93

6	1	4	2	7	3	9	5	8
	2		6		9	4		7
7	9	3	4	8	5		2	1
8	7	6	3	2		1	9	5
4		2	9		1			6
1	5	9	7		8	2	4	3
3	4	1	5	9		8	6	2
2		5		4	6			9
		7	8	3	2	5		

Puzzle 94

	3	8	5		2	4		
6	9	7	1	4	8	3	5	2
	2	5					1	8
	1		2	9		8	3	5
8		3		1	6		2	4
2	4	9	8	3	5			1
3	8	1	4	2	7		9	6
9			6	5	1	2	8	3
5	6	2	3	8	9	1	4	7

Puzzle 95

2	3	7	6		1	8		4
8		9		2		6		3
6		5		8		2		7
5	9	6	1	7	8	4	3	2
1	2	3		6	4	5	7	
7	8	4	5	3	2	1	6	9
	6	8		4	1		2	5
	7	2	8	5	6		4	1
4	5	1	2	9			8	6

Puzzle 96

2	9	7	1	8	6			
	6	1	9	5	3	2	8	7
8	3	5	4	2			9	6
1	8	4		7	2	9		5
	2	3	8	9	5	6	1	4
9	5		3	4		8	7	2
	1	2	7	3				8
3	4		5	6	8	7	2	1
	7	8	2	1		3		

Puzzle 97

7	6	4			2		5	9
5	2	9	4	6	3	1	7	8
			9	5	7	4	2	6
8	5	6	3	2	9	7	1	4
3	4	2	6	7	1		9	5
9	7		5	4	8	6	3	2
6	9	7	2	3	4		8	1
2		5			6	9		
4					5	2	6	

Puzzle 98

	9	2		6	5	1	4	3
				9	4	5	2	6
5	4	6	1	3	2	7	8	9
2	8	5	3	4	6	9	7	1
			9	8	1	2	6	5
9	6	1	5	2	7	8	3	4
	2		6		8	3		7
6	5	3	2	7	9	4	1	8
			4		3	6		2

Puzzle 99

3	1	8	9	2	7	5	6	4
6	5	2			4	9	1	7
9	4	7	1			3	2	8
	3			9	1	7	4	
4		9	5	7		1	3	
2	7	1	6	4	3	8	5	9
7	2	3	4	1	9	6	8	5
		4	7			2	9	3
	9					4	7	1

Puzzle 100

	9	1	4	7		5	6	2
	5	6	9	2	8	4		1
			6	5	1	9	7	
5	1		7	6		3		9
4	3	9	2	1		7	8	6
6	7		8	3	9		4	5
	8	5	3	4	2	6	9	7
9		3	1	8		2	5	4
2				9	6	8	1	3

Solutions

Puzzle 1

8	6	3	7	5	2	9	1	4
9	5	7	3	4	1	2	8	6
1	2	4	6	8	9	7	5	3
4	1	6	8	2	3	5	7	9
2	3	9	5	6	7	1	4	8
5	7	8	9	1	4	3	6	2
7	4	5	2	3	8	6	9	1
6	8	2	1	9	5	4	3	7
3	9	1	4	7	6	8	2	5

Puzzle 2

9	3	5	7	4	2	8	1	6
8	1	4	5	6	3	2	7	9
2	6	7	8	9	1	3	5	4
3	2	8	9	7	4	1	6	5
7	5	1	3	8	6	9	4	2
4	9	6	2	1	5	7	3	8
1	8	3	6	5	9	4	2	7
6	4	9	1	2	7	5	8	3
5	7	2	4	3	8	6	9	1

Puzzle 3

5	7	4	3	2	6	1	9	8
9	1	2	8	4	7	3	6	5
6	3	8	9	5	1	2	7	4
4	2	3	6	9	8	5	1	7
8	9	5	7	1	2	4	3	6
1	6	7	5	3	4	8	2	9
2	8	9	1	6	5	7	4	3
7	4	6	2	8	3	9	5	1
3	5	1	4	7	9	6	8	2

Puzzle 4

8	2	1	5	4	7	6	3	9
4	3	9	1	2	6	8	7	5
5	7	6	8	9	3	2	1	4
2	5	7	3	1	8	9	4	6
1	4	8	6	7	9	3	5	2
9	6	3	2	5	4	7	8	1
7	8	2	4	6	5	1	9	3
6	9	5	7	3	1	4	2	8
3	1	4	9	8	2	5	6	7

Puzzle 5

7	1	2	3	6	8	4	5	9
3	4	9	1	7	5	6	2	8
8	6	5	9	2	4	7	3	1
6	8	3	4	5	1	9	7	2
2	7	4	6	8	9	3	1	5
5	9	1	7	3	2	8	6	4
4	2	6	5	9	7	1	8	3
1	5	7	8	4	3	2	9	6
9	3	8	2	1	6	5	4	7

Puzzle 6

3	6	4	2	8	5	7	9	1
7	2	1	4	9	3	8	5	6
5	8	9	6	1	7	2	3	4
2	3	7	5	4	9	6	1	8
8	1	6	7	3	2	5	4	9
4	9	5	1	6	8	3	2	7
6	5	8	9	2	4	1	7	3
1	4	2	3	7	6	9	8	5
9	7	3	8	5	1	4	6	2

Puzzle 7

2	1	3	7	8	5	4	9	6
6	9	4	1	3	2	7	8	5
8	7	5	9	4	6	3	2	1
1	2	7	4	9	8	5	6	3
4	8	6	5	7	3	9	1	2
5	3	9	2	6	1	8	4	7
7	4	2	3	1	9	6	5	8
9	5	8	6	2	7	1	3	4
3	6	1	8	5	4	2	7	9

Puzzle 8

2	8	6	4	3	5	9	1	7
1	4	3	9	2	7	5	6	8
7	5	9	6	8	1	2	4	3
8	1	5	3	7	4	6	9	2
6	3	2	1	5	9	7	8	4
9	7	4	2	6	8	3	5	1
3	9	8	7	4	6	1	2	5
4	6	7	5	1	2	8	3	9
5	2	1	8	9	3	4	7	6

Puzzle 9

5	6	7	9	3	4	2	8	1
2	9	3	8	7	1	5	6	4
4	8	1	2	6	5	9	3	7
3	2	4	1	5	8	6	7	9
7	5	9	6	4	2	8	1	3
6	1	8	7	9	3	4	5	2
9	3	6	5	2	7	1	4	8
8	4	2	3	1	6	7	9	5
1	7	5	4	8	9	3	2	6

Puzzle 10

3	8	1	6	4	5	2	7	9
2	9	5	1	8	7	6	4	3
6	7	4	9	3	2	1	8	5
1	5	9	2	7	8	4	3	6
8	3	6	4	9	1	7	5	2
7	4	2	5	6	3	9	1	8
4	2	7	3	5	9	8	6	1
9	6	3	8	1	4	5	2	7
5	1	8	7	2	6	3	9	4

Puzzle 11

2	1	6	7	3	9	5	8	4
8	5	3	4	6	1	2	7	9
7	4	9	8	2	5	6	3	1
3	2	5	6	9	4	7	1	8
1	9	7	2	5	8	3	4	6
4	6	8	3	1	7	9	2	5
9	8	2	1	7	6	4	5	3
6	7	4	5	8	3	1	9	2
5	3	1	9	4	2	8	6	7

Puzzle 12

6	4	7	1	5	3	2	8	9
5	8	2	4	6	9	1	7	3
9	3	1	2	7	8	4	6	5
1	5	9	3	4	6	8	2	7
8	7	4	5	2	1	9	3	6
3	2	6	8	9	7	5	1	4
4	1	5	7	3	2	6	9	8
7	9	8	6	1	5	3	4	2
2	6	3	9	8	4	7	5	1

Puzzle 13

2	7	8	6	1	5	3	4	9
6	3	4	2	7	9	8	5	1
5	1	9	4	3	8	7	6	2
9	2	7	1	4	6	5	3	8
4	8	1	5	9	3	2	7	6
3	5	6	8	2	7	1	9	4
7	9	2	3	8	4	6	1	5
1	4	5	7	6	2	9	8	3
8	6	3	9	5	1	4	2	7

Puzzle 14

9	2	6	5	4	7	3	8	1
5	1	4	2	3	8	6	9	7
8	3	7	1	6	9	5	2	4
1	5	8	3	2	4	7	6	9
6	9	2	7	1	5	4	3	8
7	4	3	9	8	6	1	5	2
4	7	5	6	9	2	8	1	3
3	6	9	8	7	1	2	4	5
2	8	1	4	5	3	9	7	6

Puzzle 15

6	3	1	5	7	4	9	8	2
9	7	2	3	8	1	6	5	4
8	4	5	2	9	6	3	1	7
5	2	3	1	4	8	7	6	9
7	8	6	9	3	5	4	2	1
4	1	9	6	2	7	8	3	5
3	9	8	7	5	2	1	4	6
2	6	4	8	1	9	5	7	3
1	5	7	4	6	3	2	9	8

Puzzle 16

4	9	8	5	7	2	3	6	1
3	7	5	1	6	4	2	9	8
2	1	6	3	8	9	4	5	7
5	3	1	4	2	6	8	7	9
8	6	2	9	5	7	1	3	4
7	4	9	8	3	1	5	2	6
9	8	3	7	1	5	6	4	2
1	2	7	6	4	3	9	8	5
6	5	4	2	9	8	7	1	3

Puzzle 17

3	4	5	2	1	6	8	7	9
6	9	1	7	8	4	3	2	5
8	2	7	3	9	5	1	6	4
7	1	4	6	5	3	2	9	8
2	3	8	9	4	7	6	5	1
5	6	9	8	2	1	7	4	3
4	7	3	1	6	9	5	8	2
9	8	6	5	3	2	4	1	7
1	5	2	4	7	8	9	3	6

Puzzle 18

7	5	3	2	1	9	8	6	4
9	8	6	5	4	7	2	1	3
1	2	4	8	6	3	9	5	7
8	3	9	7	5	4	1	2	6
5	1	7	6	3	2	4	8	9
4	6	2	9	8	1	7	3	5
3	4	8	1	9	5	6	7	2
6	7	5	4	2	8	3	9	1
2	9	1	3	7	6	5	4	8

Puzzle 19

9	3	6	5	7	2	4	1	8
5	1	2	8	6	4	9	7	3
7	4	8	9	1	3	2	6	5
6	8	9	2	5	1	7	3	4
1	2	7	4	3	6	5	8	9
4	5	3	7	9	8	1	2	6
3	6	5	1	2	9	8	4	7
8	9	1	3	4	7	6	5	2
2	7	4	6	8	5	3	9	1

Puzzle 20

8	1	7	9	3	2	4	5	6
6	2	5	4	8	7	3	1	9
4	9	3	1	5	6	8	2	7
1	8	2	7	9	5	6	3	4
7	3	6	8	1	4	5	9	2
5	4	9	6	2	3	7	8	1
2	5	4	3	6	1	9	7	8
9	6	1	5	7	8	2	4	3
3	7	8	2	4	9	1	6	5

Puzzle 21

2	4	9	3	1	5	6	8	7
1	6	8	4	7	9	2	3	5
3	5	7	2	8	6	9	4	1
4	9	3	1	6	7	5	2	8
5	7	1	8	3	2	4	9	6
6	8	2	9	5	4	1	7	3
7	3	4	5	9	1	8	6	2
8	2	5	6	4	3	7	1	9
9	1	6	7	2	8	3	5	4

Puzzle 22

1	7	5	6	9	3	4	2	8
4	2	3	1	8	5	6	7	9
9	8	6	7	2	4	1	3	5
6	4	7	8	5	9	3	1	2
5	3	8	2	1	7	9	6	4
2	1	9	3	4	6	5	8	7
3	6	4	5	7	8	2	9	1
7	9	2	4	6	1	8	5	3
8	5	1	9	3	2	7	4	6

Puzzle 23

3	4	6	7	8	9	5	1	2
2	8	1	3	5	6	9	4	7
9	7	5	4	2	1	8	6	3
4	3	8	2	6	5	7	9	1
7	1	2	9	4	3	6	8	5
5	6	9	1	7	8	2	3	4
8	9	7	5	3	4	1	2	6
1	2	4	6	9	7	3	5	8
6	5	3	8	1	2	4	7	9

Puzzle 24

2	7	5	9	8	4	3	1	6
9	1	4	3	6	2	5	7	8
3	6	8	5	1	7	4	2	9
7	2	3	4	9	8	1	6	5
8	5	1	6	7	3	2	9	4
4	9	6	2	5	1	8	3	7
1	3	7	8	4	9	6	5	2
6	8	9	1	2	5	7	4	3
5	4	2	7	3	6	9	8	1

Puzzle 25

9	5	6	8	2	3	4	1	7
8	3	7	1	9	4	2	5	6
4	2	1	5	7	6	8	3	9
1	7	3	2	4	5	9	6	8
5	9	2	6	8	1	3	7	4
6	8	4	7	3	9	1	2	5
3	6	8	9	1	7	5	4	2
7	1	9	4	5	2	6	8	3
2	4	5	3	6	8	7	9	1

Puzzle 26

7	2	4	8	5	6	3	1	9
9	6	3	7	4	1	8	5	2
8	1	5	3	9	2	6	7	4
2	3	1	5	6	8	4	9	7
6	8	9	1	7	4	2	3	5
5	4	7	9	2	3	1	6	8
1	5	6	2	8	9	7	4	3
4	7	2	6	3	5	9	8	1
3	9	8	4	1	7	5	2	6

Puzzle 27

3	2	8	4	6	1	9	5	7
5	7	6	8	9	2	3	1	4
1	9	4	5	7	3	2	6	8
8	5	1	2	3	9	7	4	6
7	4	9	6	1	5	8	3	2
2	6	3	7	8	4	1	9	5
6	1	2	3	4	7	5	8	9
9	8	7	1	5	6	4	2	3
4	3	5	9	2	8	6	7	1

Puzzle 28

3	1	4	8	5	2	7	6	9
2	5	6	7	4	9	3	8	1
7	8	9	3	1	6	2	5	4
6	7	3	1	9	5	4	2	8
9	2	8	4	6	7	1	3	5
1	4	5	2	8	3	6	9	7
8	9	7	6	3	4	5	1	2
5	3	2	9	7	1	8	4	6
4	6	1	5	2	8	9	7	3

Puzzle 29

5	3	6	4	9	7	1	2	8
4	7	2	8	3	1	5	9	6
1	8	9	2	6	5	4	7	3
6	5	1	7	8	3	9	4	2
7	2	4	6	5	9	8	3	1
3	9	8	1	2	4	6	5	7
8	6	5	3	4	2	7	1	9
9	1	3	5	7	6	2	8	4
2	4	7	9	1	8	3	6	5

Puzzle 30

2	5	4	3	9	1	7	6	8
3	1	9	7	8	6	5	4	2
8	7	6	4	5	2	3	9	1
5	8	7	1	4	3	6	2	9
9	2	1	6	7	8	4	3	5
4	6	3	5	2	9	1	8	7
1	9	5	8	3	4	2	7	6
7	4	2	9	6	5	8	1	3
6	3	8	2	1	7	9	5	4

Puzzle 31

6	5	4	8	2	9	7	3	1
1	3	7	5	4	6	8	9	2
8	2	9	3	1	7	6	4	5
5	9	8	2	3	4	1	6	7
2	1	3	6	7	8	9	5	4
7	4	6	1	9	5	2	8	3
9	7	1	4	8	3	5	2	6
3	8	5	7	6	2	4	1	9
4	6	2	9	5	1	3	7	8

Puzzle 32

9	6	3	8	4	5	7	1	2
8	7	1	9	6	2	3	5	4
5	2	4	7	3	1	8	6	9
1	5	7	4	9	3	6	2	8
2	4	8	5	1	6	9	3	7
3	9	6	2	7	8	5	4	1
7	8	2	6	5	4	1	9	3
4	3	5	1	8	9	2	7	6
6	1	9	3	2	7	4	8	5

Puzzle 33

9	7	4	8	6	1	3	5	2
8	5	1	3	4	2	7	6	9
6	2	3	5	7	9	8	1	4
1	4	8	2	5	7	6	9	3
2	9	7	6	1	3	5	4	8
3	6	5	4	9	8	2	7	1
7	8	9	1	2	6	4	3	5
5	1	2	7	3	4	9	8	6
4	3	6	9	8	5	1	2	7

Puzzle 34

7	5	1	3	9	2	6	8	4
2	3	6	8	7	4	1	9	5
8	9	4	6	5	1	3	2	7
1	7	8	4	2	5	9	3	6
9	4	2	7	6	3	8	5	1
5	6	3	1	8	9	7	4	2
4	1	7	5	3	8	2	6	9
6	8	9	2	4	7	5	1	3
3	2	5	9	1	6	4	7	8

Puzzle 35

7	8	5	4	6	3	1	9	2
3	2	4	9	1	8	6	7	5
1	6	9	5	7	2	4	8	3
5	9	3	2	8	1	7	4	6
4	7	6	3	9	5	2	1	8
2	1	8	7	4	6	3	5	9
9	3	2	1	5	7	8	6	4
6	5	7	8	2	4	9	3	1
8	4	1	6	3	9	5	2	7

Puzzle 36

4	5	6	2	3	8	9	1	7
3	8	9	7	1	4	6	2	5
2	7	1	6	5	9	4	3	8
6	2	8	4	9	3	7	5	1
9	4	5	1	7	2	3	8	6
7	1	3	8	6	5	2	4	9
1	9	2	5	4	6	8	7	3
5	3	4	9	8	7	1	6	2
8	6	7	3	2	1	5	9	4

Puzzle 37

6	8	1	9	7	5	2	3	4
5	4	2	6	3	8	7	1	9
9	3	7	4	1	2	8	5	6
7	6	5	3	2	9	4	8	1
4	9	3	5	8	1	6	7	2
2	1	8	7	6	4	3	9	5
3	5	9	8	4	6	1	2	7
1	7	6	2	5	3	9	4	8
8	2	4	1	9	7	5	6	3

Puzzle 38

2	6	7	5	9	3	1	4	8
5	3	9	4	8	1	6	7	2
4	1	8	6	7	2	5	9	3
7	4	6	9	5	8	3	2	1
8	2	5	1	3	7	9	6	4
1	9	3	2	4	6	7	8	5
3	7	4	8	6	5	2	1	9
9	5	2	7	1	4	8	3	6
6	8	1	3	2	9	4	5	7

Puzzle 39

5	7	9	1	6	3	4	8	2
3	6	4	2	9	8	7	1	5
1	8	2	5	4	7	3	6	9
2	4	6	7	3	1	9	5	8
9	3	1	8	5	6	2	7	4
8	5	7	4	2	9	6	3	1
6	1	8	9	7	2	5	4	3
4	2	3	6	8	5	1	9	7
7	9	5	3	1	4	8	2	6

Puzzle 40

5	1	7	4	9	3	2	8	6
6	8	3	2	5	7	4	1	9
2	4	9	8	1	6	3	5	7
8	2	4	9	3	1	7	6	5
7	3	1	5	6	8	9	4	2
9	6	5	7	2	4	8	3	1
1	7	6	3	8	2	5	9	4
3	9	2	1	4	5	6	7	8
4	5	8	6	7	9	1	2	3

Puzzle 41

4	5	3	8	1	7	2	6	9
6	7	9	3	2	5	4	1	8
8	1	2	4	6	9	5	7	3
7	8	6	1	3	2	9	4	5
3	9	1	5	4	8	6	2	7
5	2	4	7	9	6	8	3	1
2	6	5	9	7	3	1	8	4
1	3	8	6	5	4	7	9	2
9	4	7	2	8	1	3	5	6

Puzzle 42

6	2	7	4	5	8	1	3	9
5	4	3	1	9	7	2	8	6
1	9	8	2	3	6	5	7	4
4	3	6	8	7	1	9	5	2
8	5	2	3	4	9	6	1	7
9	7	1	6	2	5	3	4	8
2	8	9	5	1	4	7	6	3
3	1	4	7	6	2	8	9	5
7	6	5	9	8	3	4	2	1

Puzzle 43

4	8	2	6	7	5	1	3	9
3	6	5	1	4	9	2	7	8
7	9	1	2	3	8	5	4	6
9	5	7	8	1	3	6	2	4
2	1	8	9	6	4	3	5	7
6	3	4	5	2	7	8	9	1
8	2	9	4	5	6	7	1	3
1	4	3	7	8	2	9	6	5
5	7	6	3	9	1	4	8	2

Puzzle 44

2	4	6	1	7	9	5	8	3
1	9	3	5	2	8	4	7	6
5	7	8	4	6	3	2	9	1
4	1	2	8	3	5	7	6	9
6	5	9	2	1	7	3	4	8
3	8	7	9	4	6	1	5	2
9	3	5	7	8	2	6	1	4
7	2	4	6	9	1	8	3	5
8	6	1	3	5	4	9	2	7

Puzzle 45

4	1	3	9	2	7	8	5	6
5	7	6	8	4	1	2	9	3
9	8	2	5	3	6	4	1	7
8	3	9	7	1	5	6	2	4
7	5	4	2	6	8	1	3	9
2	6	1	4	9	3	7	8	5
1	9	8	6	5	4	3	7	2
6	2	7	3	8	9	5	4	1
3	4	5	1	7	2	9	6	8

Puzzle 46

1	5	9	3	7	4	8	2	6
7	8	4	6	1	2	9	5	3
2	3	6	8	5	9	1	7	4
5	2	8	4	6	7	3	1	9
9	4	1	5	3	8	7	6	2
3	6	7	9	2	1	4	8	5
4	9	2	7	8	5	6	3	1
6	7	5	1	4	3	2	9	8
8	1	3	2	9	6	5	4	7

Puzzle 47

7	3	8	5	4	1	9	2	6
2	5	9	7	8	6	4	1	3
4	6	1	2	3	9	8	5	7
8	2	3	4	7	5	1	6	9
1	9	4	8	6	2	3	7	5
5	7	6	1	9	3	2	8	4
6	4	7	3	1	8	5	9	2
9	8	2	6	5	4	7	3	1
3	1	5	9	2	7	6	4	8

Puzzle 48

4	9	3	7	5	1	2	6	8
1	6	2	3	9	8	4	7	5
5	8	7	4	2	6	1	9	3
8	3	4	9	1	2	7	5	6
2	1	5	6	7	3	9	8	4
9	7	6	8	4	5	3	1	2
3	5	9	2	8	7	6	4	1
6	4	8	1	3	9	5	2	7
7	2	1	5	6	4	8	3	9

Puzzle 49

5	4	1	6	3	7	9	2	8
3	7	2	8	9	1	5	4	6
6	8	9	5	4	2	7	3	1
1	9	5	4	2	8	6	7	3
2	3	7	9	6	5	1	8	4
8	6	4	7	1	3	2	5	9
4	1	3	2	5	6	8	9	7
9	5	8	1	7	4	3	6	2
7	2	6	3	8	9	4	1	5

Puzzle 50

7	6	2	8	9	1	5	4	3
9	1	3	5	4	6	8	7	2
5	4	8	2	3	7	6	1	9
2	9	4	7	5	8	3	6	1
8	7	6	9	1	3	2	5	4
3	5	1	4	6	2	7	9	8
1	2	5	6	8	9	4	3	7
4	8	9	3	7	5	1	2	6
6	3	7	1	2	4	9	8	5

Puzzle 51

3	1	9	2	7	4	6	5	8
4	2	5	9	6	8	3	1	7
6	7	8	1	5	3	9	2	4
5	4	7	8	1	9	2	3	6
2	3	6	5	4	7	1	8	9
9	8	1	6	3	2	4	7	5
1	9	4	3	8	5	7	6	2
8	6	2	7	9	1	5	4	3
7	5	3	4	2	6	8	9	1

Puzzle 52

1	9	4	3	5	2	6	7	8
6	2	5	8	1	7	3	9	4
3	7	8	9	6	4	5	1	2
7	8	3	6	9	5	4	2	1
5	1	2	4	8	3	7	6	9
4	6	9	7	2	1	8	3	5
2	4	1	5	7	6	9	8	3
8	5	6	1	3	9	2	4	7
9	3	7	2	4	8	1	5	6

Puzzle 53

7	9	1	6	5	2	8	3	4
3	5	4	8	7	1	6	9	2
2	6	8	4	3	9	1	7	5
1	8	3	9	4	7	5	2	6
9	4	5	2	6	8	3	1	7
6	2	7	5	1	3	4	8	9
5	7	9	1	8	4	2	6	3
4	1	2	3	9	6	7	5	8
8	3	6	7	2	5	9	4	1

Puzzle 54

7	1	2	4	8	3	5	6	9
6	4	5	9	1	2	8	7	3
8	3	9	5	6	7	1	2	4
3	7	8	2	5	1	4	9	6
4	9	6	3	7	8	2	1	5
2	5	1	6	9	4	7	3	8
9	6	7	1	4	5	3	8	2
1	2	4	8	3	9	6	5	7
5	8	3	7	2	6	9	4	1

Puzzle 55

5	2	6	1	4	9	7	3	8
4	3	1	8	5	7	2	9	6
8	7	9	3	2	6	5	1	4
6	9	3	2	7	5	4	8	1
1	4	7	9	8	3	6	5	2
2	5	8	4	6	1	9	7	3
7	6	4	5	3	8	1	2	9
3	1	2	7	9	4	8	6	5
9	8	5	6	1	2	3	4	7

Puzzle 56

7	4	5	2	8	3	6	9	1
2	9	6	7	1	5	4	3	8
8	3	1	6	4	9	2	5	7
1	5	2	9	6	7	8	4	3
4	6	9	3	5	8	1	7	2
3	8	7	4	2	1	9	6	5
5	2	3	1	9	6	7	8	4
6	1	8	5	7	4	3	2	9
9	7	4	8	3	2	5	1	6

Puzzle 57

7	2	5	9	4	8	1	6	3
8	3	4	1	6	5	9	2	7
1	6	9	3	2	7	4	5	8
9	4	7	5	1	3	2	8	6
3	8	1	6	7	2	5	9	4
6	5	2	4	8	9	3	7	1
2	9	6	8	3	4	7	1	5
4	7	8	2	5	1	6	3	9
5	1	3	7	9	6	8	4	2

Puzzle 58

2	9	7	3	8	1	6	4	5
8	5	4	6	7	2	9	1	3
6	3	1	4	5	9	2	8	7
1	2	8	9	3	5	4	7	6
4	7	3	2	6	8	1	5	9
5	6	9	1	4	7	3	2	8
3	8	6	5	1	4	7	9	2
7	4	2	8	9	3	5	6	1
9	1	5	7	2	6	8	3	4

Puzzle 59

2	7	6	1	9	8	5	4	3
1	9	5	4	3	6	7	2	8
8	4	3	7	5	2	1	9	6
5	3	2	9	4	7	8	6	1
4	1	8	2	6	5	3	7	9
7	6	9	3	8	1	4	5	2
9	8	1	6	7	4	2	3	5
6	2	7	5	1	3	9	8	4
3	5	4	8	2	9	6	1	7

Puzzle 60

2	8	3	1	9	4	7	5	6
5	4	7	6	2	3	8	1	9
1	9	6	8	7	5	2	3	4
4	6	5	7	8	1	9	2	3
8	3	9	2	5	6	4	7	1
7	2	1	3	4	9	5	6	8
3	7	2	4	1	8	6	9	5
6	5	8	9	3	2	1	4	7
9	1	4	5	6	7	3	8	2

Puzzle 61

8	5	4	6	3	9	1	7	2
2	3	1	5	4	7	6	8	9
9	7	6	1	2	8	3	4	5
6	2	3	8	5	1	4	9	7
4	1	9	7	6	2	8	5	3
7	8	5	3	9	4	2	1	6
3	6	8	4	7	5	9	2	1
5	4	2	9	1	3	7	6	8
1	9	7	2	8	6	5	3	4

Puzzle 62

1	8	7	3	9	4	5	2	6
2	3	9	6	8	5	1	4	7
5	4	6	2	7	1	9	8	3
9	2	8	4	5	6	3	7	1
3	1	5	8	2	7	6	9	4
6	7	4	9	1	3	8	5	2
4	9	1	7	6	8	2	3	5
7	6	2	5	3	9	4	1	8
8	5	3	1	4	2	7	6	9

Puzzle 63

6	9	4	7	8	5	2	1	3
5	1	7	2	3	6	4	9	8
3	2	8	1	9	4	5	6	7
8	4	5	6	1	7	9	3	2
7	3	1	4	2	9	6	8	5
9	6	2	8	5	3	1	7	4
4	7	9	5	6	8	3	2	1
2	8	3	9	4	1	7	5	6
1	5	6	3	7	2	8	4	9

Puzzle 64

1	9	5	7	6	2	4	8	3
4	7	8	1	9	3	2	5	6
3	6	2	5	8	4	9	1	7
2	5	4	8	7	9	6	3	1
7	1	3	2	5	6	8	4	9
9	8	6	3	4	1	7	2	5
5	3	7	6	2	8	1	9	4
6	2	9	4	1	5	3	7	8
8	4	1	9	3	7	5	6	2

Puzzle 65

1	3	4	8	7	9	2	6	5
5	2	6	3	4	1	8	7	9
8	9	7	5	6	2	4	1	3
6	4	5	1	9	8	7	3	2
2	1	8	7	5	3	9	4	6
3	7	9	4	2	6	5	8	1
9	8	3	2	1	4	6	5	7
4	5	2	6	3	7	1	9	8
7	6	1	9	8	5	3	2	4

Puzzle 66

5	2	3	7	1	8	6	4	9
6	1	8	9	3	4	7	5	2
7	4	9	2	5	6	1	8	3
9	8	7	1	4	2	3	6	5
3	5	2	6	9	7	4	1	8
1	6	4	3	8	5	9	2	7
8	9	5	4	7	1	2	3	6
4	7	6	5	2	3	8	9	1
2	3	1	8	6	9	5	7	4

Puzzle 67

8	2	3	7	1	6	9	5	4
1	9	5	3	8	4	6	7	2
7	4	6	2	5	9	8	3	1
2	7	9	4	6	8	3	1	5
6	1	8	5	2	3	4	9	7
5	3	4	1	9	7	2	6	8
4	6	7	8	3	5	1	2	9
9	5	1	6	4	2	7	8	3
3	8	2	9	7	1	5	4	6

Puzzle 68

7	8	6	5	9	1	2	4	3
4	5	1	6	2	3	9	7	8
3	9	2	8	4	7	1	6	5
8	6	4	7	3	9	5	2	1
1	7	3	2	6	5	8	9	4
5	2	9	4	1	8	7	3	6
6	1	5	3	7	2	4	8	9
2	3	8	9	5	4	6	1	7
9	4	7	1	8	6	3	5	2

Puzzle 69

1	2	8	4	6	5	9	3	7
9	6	4	3	8	7	1	2	5
7	3	5	2	9	1	6	8	4
6	1	3	5	4	9	2	7	8
5	8	2	1	7	6	3	4	9
4	9	7	8	2	3	5	1	6
3	5	9	7	1	8	4	6	2
8	4	1	6	5	2	7	9	3
2	7	6	9	3	4	8	5	1

Puzzle 70

8	7	9	1	6	2	5	4	3
2	3	5	9	4	7	6	1	8
6	1	4	3	5	8	7	9	2
3	5	8	7	9	6	1	2	4
9	4	2	5	8	1	3	7	6
1	6	7	4	2	3	9	8	5
4	8	3	6	7	9	2	5	1
5	9	1	2	3	4	8	6	7
7	2	6	8	1	5	4	3	9

Puzzle 71

7	8	9	3	1	6	4	5	2
2	4	1	9	8	5	7	3	6
5	3	6	2	4	7	1	8	9
3	1	5	6	2	9	8	7	4
8	9	2	1	7	4	5	6	3
6	7	4	8	5	3	9	2	1
1	5	3	7	9	2	6	4	8
4	2	8	5	6	1	3	9	7
9	6	7	4	3	8	2	1	5

Puzzle 72

1	2	4	5	7	8	6	9	3
7	5	9	6	3	4	2	1	8
3	6	8	9	1	2	5	4	7
2	1	6	4	5	7	8	3	9
5	8	3	1	2	9	7	6	4
9	4	7	8	6	3	1	5	2
4	9	5	2	8	1	3	7	6
8	7	1	3	4	6	9	2	5
6	3	2	7	9	5	4	8	1

Puzzle 73

6	3	4	2	9	8	1	5	7
1	7	8	5	6	3	4	2	9
9	2	5	4	1	7	8	3	6
5	8	6	1	2	4	9	7	3
7	9	2	3	8	6	5	4	1
4	1	3	7	5	9	6	8	2
3	6	7	8	4	1	2	9	5
2	4	9	6	7	5	3	1	8
8	5	1	9	3	2	7	6	4

Puzzle 74

9	4	1	7	6	8	2	3	5
6	3	2	1	4	5	8	7	9
8	7	5	3	9	2	4	6	1
3	2	9	6	8	7	1	5	4
1	8	4	9	5	3	6	2	7
5	6	7	2	1	4	3	9	8
2	1	3	8	7	9	5	4	6
4	9	6	5	3	1	7	8	2
7	5	8	4	2	6	9	1	3

Puzzle 75

5	3	4	1	6	7	9	2	8
9	2	6	8	4	3	5	7	1
7	1	8	5	9	2	6	3	4
6	4	9	3	2	1	7	8	5
1	5	2	7	8	4	3	6	9
3	8	7	9	5	6	1	4	2
4	9	5	6	7	8	2	1	3
2	6	1	4	3	5	8	9	7
8	7	3	2	1	9	4	5	6

Puzzle 76

6	1	5	2	4	3	9	8	7
4	8	7	6	5	9	3	1	2
3	2	9	8	1	7	6	5	4
2	3	1	5	9	8	4	7	6
5	4	6	3	7	2	1	9	8
7	9	8	1	6	4	5	2	3
1	5	3	7	8	6	2	4	9
8	6	4	9	2	1	7	3	5
9	7	2	4	3	5	8	6	1

Puzzle 77

2	1	8	4	7	3	6	9	5
7	4	5	6	2	9	3	8	1
6	3	9	1	5	8	7	4	2
1	5	2	8	9	7	4	6	3
3	7	4	5	1	6	9	2	8
8	9	6	2	3	4	1	5	7
4	6	1	3	8	2	5	7	9
5	2	7	9	4	1	8	3	6
9	8	3	7	6	5	2	1	4

Puzzle 78

3	7	4	5	1	6	2	9	8
9	6	1	2	8	4	7	5	3
5	8	2	9	7	3	4	1	6
2	4	9	3	5	8	6	7	1
7	1	8	4	6	9	3	2	5
6	5	3	1	2	7	8	4	9
4	2	5	8	3	1	9	6	7
8	9	7	6	4	5	1	3	2
1	3	6	7	9	2	5	8	4

Puzzle 79

2	7	9	6	1	4	3	8	5
4	8	3	5	2	7	6	1	9
5	6	1	8	9	3	7	2	4
6	4	7	3	8	2	5	9	1
9	3	8	1	5	6	2	4	7
1	2	5	7	4	9	8	6	3
7	5	2	9	6	1	4	3	8
8	1	6	4	3	5	9	7	2
3	9	4	2	7	8	1	5	6

Puzzle 80

6	8	4	1	5	3	7	9	2
9	1	7	8	4	2	6	3	5
2	5	3	6	9	7	4	8	1
8	2	5	7	3	9	1	6	4
3	4	1	5	8	6	2	7	9
7	6	9	2	1	4	8	5	3
1	7	6	9	2	5	3	4	8
4	9	2	3	6	8	5	1	7
5	3	8	4	7	1	9	2	6

Puzzle 81

2	7	4	8	9	6	1	3	5
8	1	5	2	4	3	6	9	7
3	6	9	7	1	5	2	8	4
9	3	2	5	6	4	7	1	8
7	8	6	1	3	2	4	5	9
4	5	1	9	8	7	3	2	6
5	9	7	6	2	1	8	4	3
6	2	3	4	5	8	9	7	1
1	4	8	3	7	9	5	6	2

Puzzle 82

3	2	9	8	7	4	1	5	6
8	5	7	1	2	6	9	4	3
1	6	4	3	5	9	7	2	8
6	3	8	2	1	5	4	9	7
9	7	1	6	4	8	2	3	5
2	4	5	7	9	3	6	8	1
5	1	3	4	6	2	8	7	9
4	8	6	9	3	7	5	1	2
7	9	2	5	8	1	3	6	4

Puzzle 83

6	5	7	8	1	2	4	9	3
1	3	8	6	9	4	2	7	5
9	4	2	3	7	5	8	1	6
2	8	9	7	5	6	3	4	1
7	6	3	9	4	1	5	2	8
5	1	4	2	8	3	7	6	9
4	2	6	1	3	8	9	5	7
8	9	5	4	6	7	1	3	2
3	7	1	5	2	9	6	8	4

Puzzle 84

3	7	1	8	6	2	9	5	4
9	2	4	5	7	1	8	3	6
5	8	6	9	3	4	2	7	1
6	4	3	1	2	8	5	9	7
8	5	7	3	9	6	4	1	2
1	9	2	4	5	7	6	8	3
4	3	8	6	1	5	7	2	9
2	6	9	7	8	3	1	4	5
7	1	5	2	4	9	3	6	8

Puzzle 85

9	5	4	7	1	8	6	2	3
2	8	3	4	6	5	7	9	1
7	1	6	9	2	3	8	4	5
6	4	1	8	3	7	9	5	2
3	9	8	2	5	4	1	7	6
5	7	2	6	9	1	4	3	8
1	3	7	5	8	9	2	6	4
8	2	9	3	4	6	5	1	7
4	6	5	1	7	2	3	8	9

Puzzle 86

5	4	2	8	6	1	3	7	9
8	7	6	3	9	2	4	1	5
1	9	3	7	4	5	8	6	2
6	5	1	9	7	4	2	3	8
3	8	4	2	1	6	5	9	7
7	2	9	5	3	8	6	4	1
9	1	8	6	5	3	7	2	4
4	3	5	1	2	7	9	8	6
2	6	7	4	8	9	1	5	3

Puzzle 87

9	6	4	7	3	2	8	5	1
2	3	5	8	6	1	4	7	9
1	8	7	5	4	9	3	6	2
6	4	3	1	2	5	7	9	8
8	5	9	4	7	6	2	1	3
7	1	2	3	9	8	6	4	5
4	7	8	9	1	3	5	2	6
3	9	6	2	5	4	1	8	7
5	2	1	6	8	7	9	3	4

Puzzle 88

8	2	5	9	1	6	7	3	4
1	3	6	7	5	4	8	2	9
4	9	7	2	8	3	1	6	5
3	7	4	1	2	5	9	8	6
2	5	1	6	9	8	4	7	3
6	8	9	4	3	7	5	1	2
7	1	3	5	4	2	6	9	8
5	6	2	8	7	9	3	4	1
9	4	8	3	6	1	2	5	7

Puzzle 89

1	9	5	6	2	3	7	8	4
8	3	4	5	9	7	2	1	6
7	6	2	8	4	1	3	9	5
3	4	7	1	5	9	8	6	2
6	2	1	3	7	8	5	4	9
9	5	8	4	6	2	1	7	3
5	1	9	2	8	6	4	3	7
2	7	3	9	1	4	6	5	8
4	8	6	7	3	5	9	2	1

Puzzle 90

3	6	5	7	2	4	8	1	9
9	8	7	6	5	1	2	3	4
2	4	1	8	3	9	7	6	5
8	2	4	5	6	3	9	7	1
5	1	3	9	7	8	6	4	2
6	7	9	4	1	2	5	8	3
1	5	6	2	4	7	3	9	8
4	9	2	3	8	6	1	5	7
7	3	8	1	9	5	4	2	6

Puzzle 91

1	4	9	6	2	7	3	5	8
3	6	2	1	8	5	7	9	4
8	7	5	3	4	9	2	6	1
4	9	8	7	5	3	6	1	2
2	3	7	8	1	6	5	4	9
6	5	1	4	9	2	8	3	7
9	8	6	2	3	1	4	7	5
5	2	3	9	7	4	1	8	6
7	1	4	5	6	8	9	2	3

Puzzle 92

2	6	8	3	4	7	5	1	9
3	5	9	2	6	1	8	4	7
7	1	4	5	9	8	6	2	3
1	9	2	6	7	5	4	3	8
4	3	6	8	2	9	1	7	5
5	8	7	4	1	3	9	6	2
9	7	3	1	5	4	2	8	6
8	2	1	9	3	6	7	5	4
6	4	5	7	8	2	3	9	1

Puzzle 93

6	1	4	2	7	3	9	5	8
5	2	8	6	1	9	4	3	7
7	9	3	4	8	5	6	2	1
8	7	6	3	2	4	1	9	5
4	3	2	9	5	1	7	8	6
1	5	9	7	6	8	2	4	3
3	4	1	5	9	7	8	6	2
2	8	5	1	4	6	3	7	9
9	6	7	8	3	2	5	1	4

Puzzle 94

1	3	8	5	6	2	4	7	9
6	9	7	1	4	8	3	5	2
4	2	5	9	7	3	6	1	8
7	1	6	2	9	4	8	3	5
8	5	3	7	1	6	9	2	4
2	4	9	8	3	5	7	6	1
3	8	1	4	2	7	5	9	6
9	7	4	6	5	1	2	8	3
5	6	2	3	8	9	1	4	7

Puzzle 95

2	3	7	6	1	5	8	9	4
8	1	9	4	2	7	6	5	3
6	4	5	3	8	9	2	1	7
5	9	6	1	7	8	4	3	2
1	2	3	9	6	4	5	7	8
7	8	4	5	3	2	1	6	9
3	6	8	7	4	1	9	2	5
9	7	2	8	5	6	3	4	1
4	5	1	2	9	3	7	8	6

Puzzle 96

2	9	7	1	8	6	4	5	3
4	6	1	9	5	3	2	8	7
8	3	5	4	2	7	1	9	6
1	8	4	6	7	2	9	3	5
7	2	3	8	9	5	6	1	4
9	5	6	3	4	1	8	7	2
6	1	2	7	3	9	5	4	8
3	4	9	5	6	8	7	2	1
5	7	8	2	1	4	3	6	9

Puzzle 97

7	6	4	1	8	2	3	5	9
5	2	9	4	6	3	1	7	8
1	3	8	9	5	7	4	2	6
8	5	6	3	2	9	7	1	4
3	4	2	6	7	1	8	9	5
9	7	1	5	4	8	6	3	2
6	9	7	2	3	4	5	8	1
2	8	5	7	1	6	9	4	3
4	1	3	8	9	5	2	6	7

Puzzle 98

7	9	2	8	6	5	1	4	3
1	3	8	7	9	4	5	2	6
5	4	6	1	3	2	7	8	9
2	8	5	3	4	6	9	7	1
3	7	4	9	8	1	2	6	5
9	6	1	5	2	7	8	3	4
4	2	9	6	1	8	3	5	7
6	5	3	2	7	9	4	1	8
8	1	7	4	5	3	6	9	2

Puzzle 99

3	1	8	9	2	7	5	6	4
6	5	2	3	8	4	9	1	7
9	4	7	1	5	6	3	2	8
8	3	5	2	9	1	7	4	6
4	6	9	5	7	8	1	3	2
2	7	1	6	4	3	8	5	9
7	2	3	4	1	9	6	8	5
1	8	4	7	6	5	2	9	3
5	9	6	8	3	2	4	7	1

Puzzle 100

8	9	1	4	7	3	5	6	2
7	5	6	9	2	8	4	3	1
3	2	4	6	5	1	9	7	8
5	1	8	7	6	4	3	2	9
4	3	9	2	1	5	7	8	6
6	7	2	8	3	9	1	4	5
1	8	5	3	4	2	6	9	7
9	6	3	1	8	7	2	5	4
2	4	7	5	9	6	8	1	3

www.ingramcontent.com/pod-product-compliance
Lightning Source LLC
Chambersburg PA
CBHW070818220526
45466CB00002B/702